Un tandem de choc

Des soins et de l'affection

Sommaire

Des locataires avec du caractère

Avec leur pelage doux, les lapins nains ressemblent à de petites peluches. Pourtant, derrière cette apparence, se cache un vrai caractère. Si vous vous occupez bien de vos animaux, ils vous en seront reconnaissants.

Les lapins doivent bénéficier de soins qui respectent leur rythme biologique. Vous pourrez alors découvrir leur vie captivante, vous enthousiasmer pour leur curiosité et former une équipe de rêve.

Les lapins sont de petits animaux vifs, plein d'entrain, qui ont soif d'aventure.

Connaître les lapins nains

L'origine des lapins nains

Les lapins nains comptent parmi nos animaux domestiques favoris, tout particulièrement chez les enfants. Rien d'étonnant à cela : leurs grands yeux, leur petit nez, leurs oreilles et leur entrain en font des animaux très attachants.

La domestication des lapins nains a été relativement tardive. On trouve aujourd'hui une grande diversité d'espèces, tant sur le plan de la taille, du pelage, des couleurs que sur la forme du corps ou des oreilles.

ORIGINE

À l'origine, le lapin de garenne, ou lapin européen, peuplait la péninsule ibérique et plus particulièrement les régions côtières. À partir du Moyen-Âge, l'espèce a progressivement conquis l'Europe de manière naturelle. Pendant l'Antiquité, les Romains allaient chercher les lapins sauvages en Espagne pour les ramener en Italie. Ils y étaient élevés et se reproduisaient dans des « leporaria », des parcs fermés. À l'époque, les jeunes lapereaux étaient particulièrement appréciés des gourmets car ils constituaient un mets très fin. En France, au Moyen-Âge, les lapins étaient élevés dans de grands enclos nommés "garennes" où ils vivaient en semi-liberté. Aujourd'hui, en raison de l'intervention de l'homme, les lapins ont conquis une grande partie du globe.

La vie à deux constitue le mode de vie originel du lapin. Deux animaux qui s'apprécient se blottissent l'un contre l'autre, se prodiguent mutuellement des soins corporels et découvrent ensemble leur environnement.

Le lapin a, en quelque sorte, deux « visages »: c'est un animal peureux, fuyant au moindre danger, mais il est aussi très curieux.

MODE DE VIE

Les lapins sauvages forment des groupes appelés colonies. Ils vivent souvent dans un même endroit et, si la nature du sol le permet, creusent des terriers qui forment un système ramifié. Chaque animal dispose de son propre terrier. La vie au sein du groupe respecte une hiérarchie stricte et les relations entre les individus sont régies par un comportement social complexe, ce qui ne les empêche pas d'user de leurs griffes et de leurs dents lors des rares combats.

À SAVOIR
➔ Ce ne sont pas des rongeurs

Cette dénomination abusive est probablement due au fait que les dents des lapins poussent en permanence. Toutefois, d'un point de vue zoologique, ce ne sont pas des rongeurs.

CARACTÉRISTIQUES

Le lapin de garenne (*Oryctolagus*), variante sauvage de notre lapin domestique, appartient à l'ordre des Lagomorphes, qui regroupe notamment les lapins et les lièvres, et dont le signe distinctif réside dans la présence de deux paires d'incisives sur la mâchoire supérieure (l'une derrière l'autre). L'ordre compte plus de 50 espèces sauvages, qui se répartissent entre les petits pikas (les « lièvres siffleurs » aux petites oreilles rondes) et les léporidés (famille du lièvre européen et du lapin de garenne). Les représentants de cette famille se sont développés dans presque toutes les régions du globe. L'Arctique, l'Australie et la Nouvelle-Zélande restent les seules contrées que le lapin n'a pas colonisées naturellement. En Australie, les lapins ont été lâchés dans la nature et, du fait de l'absence de prédateurs naturels, sont devenus une véritable calamité, avec des conséquences désastreuses pour l'écosystème.

Origine

Des capacités fascinantes

**Les lapins disposent de tous les atouts
pour bien s'adapter à leur environnement.**

PERFORMANCES SENSORIELLES

Les capacités sensorielles des lapins fournissent des informations essentielles pour les comprendre.

▸ **Ouïe :** Grâce à leurs oreilles en forme d'entonnoir, les lapins bénéficient d'une excellente ouïe, d'autant plus qu'ils peuvent faire pivoter les pavillons de leurs oreilles indépendamment l'un de l'autre. Ainsi, les lapins entendent sur 360° et parviennent à capter les sons les plus faibles. L'ouïe des lapins béliers est moins performante à cause de leurs oreilles tombantes.

▸ **Odorat :** Le nez du lapin, dont les ailes sont mobiles, est doté de 100 millions de cellules sensorielles. L'odorat est essentiel, notamment pour le marquage du

Les lapins sont de véritables champions du saut. Leurs pattes arrière, puissantes et musclées, leur permettent de faire des bonds spectaculaires. Les animaux les plus agiles peuvent également courir à une vitesse très appréciable.

Le lièvre est un animal solitaire, alors que le lapin vit en colonie. Même domestique, le lapin a besoin de la présence de ses congénères.

territoire et la communication au sein du groupe.

▶ **Vue:** Animal de fuite classique, le lapin bénéficie d'un champ de vision étendu grâce à ses grands yeux placés de chaque côté de la tête. Dans la nature, l'animal peut ainsi se protéger de ses nombreux prédateurs. Des études ont révélé que le lapin est capable de différencier le rouge du vert. Néanmoins, il est improbable qu'il ait une perception extrêmement précise des couleurs. Sa vision au crépuscule est toutefois très performante.

▶ **Toucher:** Les moustaches (ou vibrisses) se trouvent de chaque côté du nez et de la bouche. Grâce à elles, le lapin peut s'orienter dans l'obscurité. Ainsi, il sait s'il peut passer à travers une ouverture ou détecter d'éventuels obstacles.

▶ **Goût:** Ce sens est bien plus développé chez le lapin que chez de nombreuses autres espèces animales. En effet, il est capable de reconnaître le sucré, l'acide, l'amer et le salé. L'amertume ne le rebute pas. Les parties aériennes d'une plante comme le pissenlit figurent même parmi ses aliments favoris.

ANATOMIE

On confond souvent les lapins avec les lièvres. Ces deux espèces présentent en effet de nombreuses similitudes. Plusieurs éléments vous permettront néanmoins de les différencier.

▶ **Gestation:** Lapin : 31 jours en moyenne ; lièvre : 40 à 42 jours.

▶ **Nombre de petits par portée:** Lapin : 4 à 8 lapereaux en moyenne ; lièvre : 1 à 3 levrauts, le plus souvent 2, rarement 4.

▶ **Apparence à la naissance:** Les lapereaux sont nidicoles, nus et aveugles (page 58).

Les levrauts sont nidifuges, naissent avec des poils, peuvent voir et entendre.

▶ **Poids:** Le lapin de garenne pèse environ 1,5 – 2 kg, le lièvre pèse 5 à 6 kg.

▶ **Forme du corps:** Le lapin est trapu, ses oreilles sont plus courtes que la tête. Les pattes avant et arrière sont à peu près de même longueur, alors que chez le lièvre, au corps plus allongé, les membres postérieurs sont bien plus longs que les membres antérieurs. Les lapins et les lièvres ne peuvent pas s'accoupler.

Capacités

Comportement et caractéristiques

En dépit de tous leurs points communs, il ne faut pas oublier que les lapins possèdent des caractères différents selon leur race.

COMPORTEMENT

Le lapin pousse uniquement des cris en cas d'agitation extrême ou s'il souffre beaucoup. Dans le cas contraire, sa nature d'animal de fuite en fait un animal très calme. S'il est irrité ou souhaite donner un avertissement, il émet une succession rapide de grondements brefs. Il peut également produire une sorte de feulement juste avant de passer à l'attaque. Si un lapereau se sent mal à l'aise (s'il a faim, froid ou appelle sa mère, par exemple), il peut se mettre à couiner.

▸ **Marquage:** Les odeurs jouent un rôle essentiel chez le lapin. Des glandes situées sous le menton sécrètent une substance aqueuse inodore pour l'homme. L'animal frotte son menton contre le grillage, son abreuvoir, sa mangeoire et d'autres objets pour marquer son territoire. Ce sont surtout les mâles qui marquent leur territoire car les glandes des femelles sont moins développées. Les odeurs émises par les excréments, l'urine et les deux glandes situées à proximité de l'anus permettent également à l'animal de marquer son territoire et de reconnaître ses congénères.

DES COULEURS ET DES PELAGES VARIÉS

On trouve de nombreuses races de lapins, qui se distinguent par leur taille et leur pelage. Vous trouverez dans cet ouvrage la présentation de certaines d'entre elles. La taille et le poids

Les lapins, et même les lapins nains, aiment beaucoup creuser le sol. Cette attitude fait partie de leur comportement.

Les lapins sont très doués pour le saut. Vous pourrez le constater en voyant votre animal bondir sans aucune difficulté sur vos meubles.

permettent d'établir une hiérarchie :
▸ Grandes races
▸ Races de taille moyenne
▸ Petites races
▸ Lapins nains

À l'origine, le lapin Hermine était l'unique représentant des lapins nains. Ses poils, sa peau et ses griffes sont dépourvus de toute pigmentation. Il est donc tout blanc. Il peut avoir les yeux bleus ou rouges. Les lapins Hermine aux yeux rouges sont des albinos. Leur iris n'est pas pigmenté et les vaisseaux sanguins tapissant le fond de l'œil lui donnent cette coloration rouge. Les lapins Hermine aux yeux bleus présentent quant à eux une particularité au niveau de la

pigmentation puisque seuls leurs yeux sont pigmentés.

▸ **Depuis quelques années,** on élève des lapins nains dont le pelage arbore les couleurs les plus variées.
On les appelle lapins nains de couleur.

▸ **Comme leur nom l'indique,** les lapins à poils longs ont un pelage sensiblement plus long. On distingue deux races. Chez le lapin renard, le rapport entre les barbes (partie supérieure du poil) et la bourre (partie inférieure) est semblable au lapin de garenne. Chez ce dernier, les poils sont uniquement plus longs en raison de sa plus grande taille. Le lapin angora arbore un pelage

beaucoup plus long. La bourre est plus dense que la barbe. Plus doux, le pelage exige beaucoup de soins.

▸ **Lapin à poils ras,** le Rex présente un pelage court donnant l'impression de toucher une peluche. De nombreuses couleurs existent et de nouvelles teintes apparaissent régulièrement. La plupart du temps, leur pelage est uni.

À SAVOIR
➡ **Un pelage brillant**

Le pelage du lapin satin est de la même longueur que celui du lapin à poils normaux (page 13). Les mutations successives ont donné naissance à des lapins dotés de poils plus fins, ce qui leur confère une structure particulière. Il existe des lapins satins de différentes couleurs : ivoire, bleu et roux.

VOIR VIDÉO
Choisir son lapin

Comportement

Lapin lion

▸ **Pelage:** Très apprécié des amateurs, le lapin lion est souvent présent dans les animaleries. Il fait partie des lapins nains (on considère parfois qu'il appartient aux petites races). Sur quasiment tout le corps, la longueur du pelage est normale. Seules quelques parties de la tête, la nuque, une partie des épaules et la partie supérieure du thorax sont recouvertes de poils plus longs.

▸ **Particularité:** Cette race n'est pas reconnue en tant que race standard. En Belgique, on trouve depuis longtemps le « lapin barbu », au pelage aussi long que le lapin lion et aujourd'hui menacé d'extinction.

Lapin nain tacheté

▸ **Répartition des taches:** On trouve de nombreuses variantes de dessins et de formes chez tous les lapins, qu'ils aient les oreilles droites ou tombantes. Néanmoins, pour que le lapin soit reconnu comme lapin de race, ses taches doivent présenter une certaine symétrie, comme chez le Hollandais et le Papillon anglais, ou des taches irrégulières, à l'image du lapin dalmatien.

▸ **Particularité:** La plupart des lapins tachetés n'appartiennent pas au standard de la race. Mais, pour un propriétaire, son animal est toujours particulier.

Lapin nain bélier

▸ **Signe distinctif:** De nombreux lapins sont dotés d'oreilles normales et droites et d'autres ont les oreilles tombantes. Leur corps, plus long, présente un bourrelet sur le sommet du crâne, appelé couronne, qui relie les oreilles. Il existe des lapins béliers de différentes couleurs.

▸ **Particularité:** Ces lapins sont un peu plus gros et plus lourds que les lapins à oreilles droites ou normales. Ils sont souvent considérés comme des animaux plus calmes et plus pacifiques que leurs congénères. On peut y voir une influence de l'élevage.

Lapin nain coloré noir et feu

▸ **Couleur:** Ce lapin est sans doute le plus élégant des lapins nains colorés. Son pelage est brillant, noir velouté avec des zones couleur feu clairement visibles. Dans l'idéal, ces zones sont le thorax, l'abdomen, l'intérieur des pattes, le bord des yeux et des oreilles, le menton et le nez.

▸ **Particularité:** L'élevage de ce lapin est relativement récent. Il existe également d'autres schémas de couleurs, où le noir est remplacé par du brun (feu/havane) ou du bleu (feu/bleu), qui se rapproche d'une teinte grisâtre.

Lapin à poils normaux

▸ **Pelage:** Sa longueur, ainsi que le rapport barbe/bourre, sont similaires à ceux du lapin de garenne. La plupart des lapins domestiques appartiennent à cette race.

▸ **Particularité:** Chaque poil du lapin sauvage est composé de trois bandes de couleurs (agouti). Le pelage de nos lapins domestiques compte de nombreuses couleurs, parfois combinées. Ces lapins peuvent également être unicolores ou tachetés.

Lapin nain coloré bleu/crème

▸ **Dessin:** La répartition des couleurs rappelle le lapin japonais, qui présente sur tout le corps des taches noires et jaunes (pouvant aller jusqu'au roux) clairement délimitées. Le lapin nain bleu crème affiche quant à lui des couleurs un peu moins franches, dont les couleurs bleu et crème.

▸ **Utilisation:** L'élevage des lapins japonais est relativement récent. Le dessin du pelage ne correspond pas encore tout à fait au standard de la race.

Lapin blanc aux yeux bleus

▸ **Dessin:** Certaines races de lapins sont blanches. Leurs yeux sont bleus ou rouges (page 11). On trouve notamment le lapin Hermine, le géant blanc, les lapins bélier (de différentes tailles), le Rex blanc, le renard blanc et l'angora. Personne n'oubliera également le lapin sortant du chapeau du magicien…

▸ **Particularité:** Le lapin blanc de Vienne est une race très appréciée. Ses yeux sont toujours bleus. Ce n'est pas un parent du célèbre lapin bleu de Vienne. Les deux races sont apparues en Autriche en 1900.

Lapin nain angora

▸ **Pelage:** Le lapin nain angora suscite un intérêt grandissant. Son élevage donne naissance à une palette de couleurs de plus en plus étendue. Les poils sont plus courts au niveau de la tête, des oreilles (sauf leur extrémité, où l'on trouve une touffe de poils), des pattes et de la queue, plus sombres que le reste du corps.

▸ **Particularité:** Pendant la croissance des poils, la pigmentation éclaircit. Les vrais lapins nains angoras sont la copie conforme, en version réduite, des lapins angoras normaux, reconnaissables à leur touffe de poils au niveau des oreilles qui n'est pas très développée.

Portraits

Le choix du partenaire

Pour vivre en harmonie avec votre nouveau compagnon, vous devez tout d'abord trouver le lapin qui s'entendra bien avec ses congénères et avec vous-même. Ainsi, vous aurez toutes les cartes en main pour nouer une grande complicité avec votre petit locataire.

VIVRE ENSEMBLE LES REND FORTS

À l'origine, l'ancêtre de nos lapins domestiques, le lapin sauvage, vit en colonies. Il creuse un système de galeries souterraines, où chaque individu dispose de son propre terrier, en forme de cuvette. Aussi convient-il de respecter cette structure sociale, même pour des lapins domestiques. Ces animaux peuvent vivre entre huit et douze ans. De ce fait, comment être sûr que l'on sera en mesure de s'occuper tous les jours d'un animal seul? Comme nous allons le voir (page 32), cette cohabitation exige beaucoup de temps et d'efforts. Tout futur propriétaire doit y réfléchir et envisager de prendre deux lapins chez lui.

UN COUPLE OU UN AMI

Deux lapins de même sexe peuvent cohabiter au plus tard jusqu'à leur maturité sexuelle. Passé ce cap, il arrive qu'ils se battent violemment. Même la castration ne résout pas toujours le problème.

▶ **Parfois,** une mère et sa fille parviennent à vivre ensemble sur la durée si les petits n'ont pas été séparés de leur mère à la naissance.

▶ **Un couple** est la solution la mieux adaptée, mais il faut naturellement s'attendre à ce que la petite famille s'agrandisse. Le lapin est bien connu pour ses capacités de reproduction…

▶ **La combinaison idéale** consiste à acquérir une femelle et un petit mâle castré. Ainsi, vous évitez tout problème lié à la reproduction ou aux conflits.

UNE QUESTION D'ÂGE

Lorsque vous souhaitez accueillir deux jeunes lapins chez vous, ces derniers doivent être âgés d'au moins huit semaines.

➔ Pourquoi deux lapins?

Deux animaux se blottissent l'un contre l'autre, partagent un grand nombre d'activités et se prodiguent des soins mutuels. Il serait dommage de ne pas en profiter…

Seule la présence d'un ou de plusieurs congénères permettra à un lapin de s'épanouir pleinement, de montrer toute l'étendue de ses talents et toutes les facettes de sa personnalité.

N'ayez pas mauvaise conscience si vous laissez vos animaux seuls pendant la journée.

Il arrive qu'une femelle élevée seule se comporte de manière agressive avec ses maîtres.

Les mâles seuls deviennent parfois paresseux ou agressifs envers leur maître.

Les lapins plus jeunes ne doivent pas être séparés de leur mère pour être nourris plus longtemps et apprendre à se comporter. Les lapins possèdent une espérance de vie plutôt élevée, si bien qu'un débutant peut judicieusement choisir deux lapins calmes, dont le précédent propriétaire aura observé le comportement et, de ce fait, connaîtra bien leur caractère (voir encadré ci-contre).

Les enfants noueront une grande complicité avec les lapins si les parents leur expliquent leurs besoins et le bon comportement à adopter avec eux.

ET LES ENFANTS ?

Le côté « peluche » du lapin est naturellement non négligeable. Très souvent, les enfants souhaitent avoir un lapin chez eux. Cependant, cet animal n'est pas une peluche. Si quelque chose ne lui plaît pas, il n'hésitera pas à faire usage des griffes et des dents. C'est pourquoi les enfants de moins de 6 ans ne doivent pas s'en occuper sans surveillance. Les enfants de 10-12 ans ayant le sens des responsabilités peuvent néanmoins prendre soin de leurs protégés sous la surveillance des parents, qui devront leur expliquer précisément quel comportement adopter (page 28).

Choix du partenaire

ACHETER UN LAPIN NAIN : ce qu'il faut prendre en compte

L'acquisition de vos futurs pensionnaires n'est pas un acte anodin. Vous allez choisir des compagnons qui vivront avec vous pendant 10, voire 12 ans. Vous devez donc vous accorder le temps de la réflexion.

Avant l'achat, vous devez impérativement observer un certain temps les lapins que vous souhaitez acquérir. Un lapin en bonne santé a un pelage lisse, brillant, qui lui « colle » au corps. Seules exceptions : les lapins à poils longs et les lapins Rex. Un lapin en forme fait des bons dans sa cage, interagit beaucoup avec son environnement et se nourrit souvent. Naturellement, il se repose de temps à autre. Souvent, il s'étire plus ou moins ou se couche sur le côté. Si un lapin se tient accroupi dans un coin, le pelage hérissé, il est fort probable qu'il soit malade. Si son précédent propriétaire ne s'est pas beaucoup occupé de lui, il sera souvent craintif.

ÂGE

Les lapins de moins de 8 semaines ne doivent pas être proposés à la vente. Malheureusement, il arrive que l'on trouve, non pas des lapins nains de pure race, mais de jeunes lapins normaux qui, de par leur petite taille et leurs oreilles courtes, ressemblent à des lapins nains. Vous devez donc être attentifs. Faites aussi attention au cas particulier du lapin nain bélier : au départ, ses oreilles sont droites, comme celles d'un lapin normal. Ses oreilles ne retombent que plus tard. Certains lapins béliers peuvent se retrouver temporairement avec une oreille droite et l'autre tombante. Chez les animaux issus d'un croisement, cette situation peut devenir irréversible. Les refuges pour animaux abritent souvent des lapins de tout âge, des lapins de pure race et surtout des jeunes mâles castrés ou des animaux qui s'entendent bien, ce qui facilite ou évite le travail de socialisation.

CORPS

Il peut arriver que des lapins proposés à la vente ne soient pas de vrais lapins nains, mais soient issus d'un croisement entre un lapin nain et une petite race. Les lapins nains de pure race se caractérisent par leur corps très trapu, une tête ronde et relativement grosse, ainsi qu'un nez busqué. Les grands yeux ressortent bien. Autre signe qui ne trompe pas : un vrai lapin nain possède des oreilles très courtes (page 65). Adulte, il pèse de 600 à 1500 g, la fourchette idéale étant de 1100 à 1250 g. Les éleveurs sérieux vous proposeront de véritables lapins nains.

En aucun cas, les yeux d'un lapin ne doivent pleurer ou être collés. La modification de l'aspect des deux yeux trahit souvent la présence d'une maladie infectieuse. Vous devez également être attentif aux éternuements, à un nez qui coule ou est collé. Tout signe d'inflammation ou toute formation de croûte au niveau de l'oreille externe est le signe incontestable d'une infestation d'acariens. Vous devez pouvoir brosser le pelage doucement à rebrousse-poil. Les inflammations cutanées, la présence de croûtes ou de parasites sont des signes préoccupants. Des poils collés à proximité de l'anus montrent que le lapin souffre de diarrhée. Un animal sale témoigne également du manque de soins de son propriétaire.

SANTÉ

CONSEIL

Achetez uniquement vos futurs lapins là où ils ont bénéficié d'un hébergement respectant leur rythme biologique. Pour le savoir, jetez un coup d'œil du côté de l'enclos. Il doit être grand et comporter suffisamment d'abris. Le lapin doit toujours avoir de l'eau et du foin à disposition. L'enclos ne doit jamais sentir mauvais. S'il est bien entretenu, cela ne doit jamais se produire. Les lapins doivent être séparés par sexe et le vendeur doit pouvoir vous conseiller avec précision et compétence, sans chercher à vous vendre un lapin particulier. Vous reconnaîtrez également un service de qualité à l'aide que vous propose le vendeur.

Un tandem de choc

Le logement de vos protégés

Les lapins sont des animaux actifs et pleins de vie. Leur hébergement est essentiel pour leur bien-être car ils passent le plus clair de leur temps dans leur cage ou leur enclos. Vos pensionnaires s'épanouiront dans un enclos suffisamment grand.

Plusieurs possibilités s'offrent à vous pour héberger vos lapins : soit placer la cage dans une pièce du logement et, dans ce cas, permettre à votre lapin de se dégourdir les pattes (page 42), soit prévoir un enclos à l'extérieur dans lequel vous aurez disposé divers accessoires.

À L'INTÉRIEUR

Si vous souhaitez installer vos nouveaux pensionnaires dans une pièce, prévoyez une cage de 140 x 70 cm pour une hauteur d'environ 60 cm, afin que les lapins puissent faire des bonds et se redresser sans problème. Si vos lapins ne sont pas de vrais lapins nains, la cage doit être encore plus grande et encore plus haute. Dans tous les cas, plus le lapin a de la place, plus il sera en forme.

EMPLACEMENT

Vous devez bien réfléchir à l'emplacement de la cage afin que vos compagnons restent en pleine santé.

▸ **La lumière du jour** est essentielle, mais la cage ne doit pas se trouver en plein soleil. Une partie de la cage doit toujours être à l'ombre. À elle seule, une petite cabane ne suffit pas à faire de l'ombre car la chaleur peut s'y accumuler au point de devenir insupportable.

▸ **Une température trop élevée** est également à proscrire. La cage ne doit pas se trouver à proximité d'une source de chaleur (radiateur ou four). La température idéale pour un lapin est comprise entre 10 et 20 °C.

▸ **L'air frais** est indispensable ! Attention cependant à ne pas exposer l'animal aux courants d'air. Un air trop sec, comme à proximité des sources de chauffage, peut irriter les voies respiratoires de l'animal. De même, si l'air est trop humide, le lapin est

➜ Un habitat adapté

La cage doit se composer d'un bac en plastique sur lequel est monté un grillage. Les bords du bac doivent être hauts de 15 cm au minimum afin que le lapin ne projette pas toute la litière hors de la cage lorsqu'il se met à gratter le sol.

Choisissez si possible une cage avec plusieurs grandes portes pour faciliter le nettoyage et le retrait des animaux.

Les modèles dotés d'un couvercle en plastique, même troué, sont inappropriés. L'air ne circule pas de manière optimale, ce qui favorise l'apparition des maladies.

Si vous prévoyez d'installer votre lapin dans un enclos de votre fabrication, veillez à réduire au maximum les risques de blessure en ne laissant pas dépasser de clous, de fils de fer ou d'éclats de bois.

beaucoup plus exposé aux rhumes. Dans l'idéal, le taux d'humidité doit être compris entre 60 et 70 %.

▸ **L'environnement immédiat** de la cage doit être calme pour ne pas perturber les animaux, qui doivent tout de même être en contact avec les occupants du logement.

À L'EXTÉRIEUR

Si les lapins sont bien accoutumés, ils peuvent vivre à l'extérieur, même si les températures sont négatives. L'élevage à l'extérieur est sans doute celui qui respecte le mieux leur rythme biologique. Deux lapins seront parfaitement à l'aise sur une superficie d'environ 7 m^2. La solution la plus pratique consiste à vous

L'enclos extérieur doit être doté d'accessoires variés qui permettront à l'animal de se divertir et de développer son comportement naturel.

équiper d'un grand enclos protégé de tous les côtés (y compris dessus et dessous) à l'aide d'un grillage. Si vous souhaitez laisser vos lapins dehors toute l'année, l'enclos doit être partiellement recouvert et équipé d'un refuge doté de plusieurs compartiments, bien isolé à l'aide de copeaux et de paille. L'enclos doit toujours être placé sur de l'herbe fraîche, que les

lapins pourront brouter à travers le caillebotis. Si le temps est humide, les lapins à poils longs, vieux et malades, peuvent rester à l'intérieur.

À SAVOIR
➜ **À l'extérieur**

Équipez l'enclos extérieur de tubes, de souches, de racines et de pierres naturelles pour diversifier leur environnement.

N'oubliez pas d'y placer de nombreuses cachettes dans lesquelles les lapins s'installeront s'ils en éprouvent le besoin.

VOIR VIDÉO
Le logement du lapin

Logement

Les accessoires

Personnalisez la cage ou l'enclos de votre pensionnaire avec des accessoires qui éveilleront son intérêt et lui permettront d'apprécier son nouvel habitat.

AMÉNAGER L'ENCLOS

Les accessoires ne doivent jamais être en plastique. Si les lapins les grignotent et ingèrent des morceaux, ils peuvent tomber gravement malades.

▸ **Pour la litière,** le mieux est d'utiliser une couche d'au moins 5 cm de litière pour petits animaux, sans poussière, disponible en animalerie. Elle absorbera les excréments de l'animal et le lapin pourra y creuser. Veillez à ne jamais utiliser de tourbe car elle peut produire beaucoup de poussière, ce qui irriterait les voies respiratoires de l'animal. Après avoir disposé la litière, placez-y une couche de paille.

▸ **Un râtelier** permet au lapin de toujours avoir du foin à disposition. Si possible, fixez-le au grillage à partir de l'extérieur ou optez pour un modèle équipé d'un couvercle.

▸ **Prévoyez un abri par animal.**

Pour un lapin nain, un refuge de 30 à 40 cm suffit. Si le lapin est plus gros, le refuge devra être plus grand. Dans l'idéal, ce dernier sera dépourvu de sol, ce qui facilitera son entretien. Contrairement à un modèle surmonté d'un toit oblique, un modèle au toit plat permet au lapin de se placer dessus et de bénéficier d'un autre point de vue.

▸ **Des éléments tels qu'une étagère en bois,** qu'on peut fixer au grillage par l'extérieur, ou un tube en liège, offrent des caches supplémentaires.

▸ **Utilisez une bouteille** pour garder l'eau de votre petit protégé au propre. Fixez-la à l'extérieur du grillage. Le nettoyage et le remplissage en seront facilités.

▸ **Pour l'écuelle,** optez pour

Ce lève-tard apprécie le moelleux de ce coussin. Mais attention à ce que l'animal ne le grignote pas !

Le refuge de l'animal doit toujours être construit en matériaux naturels, que l'animal pourra grignoter sans risque.

un modèle lourd en céramique ou en terre. Ces matériaux sont parfaitement adaptés pour proposer des aliments frais au lapin, qui ne seront pas souillés par la litière ou les excréments.

▶ **Un bac à litière** pour chats peut faire l'affaire si vos lapins ne grignotent pas le plastique. Si vous placez le bac dans le coin où les lapins vont habituellement faire leurs besoins, le nettoyage de l'enclos sera plus facile (page 46). Pour remplir le bac, n'utilisez pas de litière pour chat qui pourrait être à l'origine de maladies. De la litière pour petits animaux, composée de copeaux de bois, conviendra. Le lapin acceptera plus facilement le bac si vous y placez quelques-unes de ses crottes.

▶ **Vous pouvez installer des racines, des tubes en liège,** des morceaux d'écorce et des branches que le lapin grignotera. Les branches de pommier, de poirier, de noisetier, de bouleau, de tilleul, de frêne et d'aulne ne sont pas dangereuses. Faites attention aux fruits à noyau qui peuvent provoquer des problèmes d'indigestion.

Assurez-vous que les branches ne sont pas souillées par les excréments d'autres animaux et qu'elles ne viennent pas d'arbres sur lesquels on a vaporisé des pesticides ou se trouvant près d'une rue très fréquentée. Dans l'idéal, lavez-les à l'eau tiède.

▶ **Les lapins apprécient la présence d'une pierre naturelle,** d'une brique ou d'un morceau d'ardoise. Ils peuvent s'en servir comme d'un perchoir ou s'y installer pour se reposer. En été, elle favorise le refroidissement de l'enclos. Du fait de la dureté du matériau, le lapin peut user ses griffes de manière naturelle.

▶ **Les lapins aiment** également se cacher et faire le guet dans de grands tubes en terre.

LE POINT DE VUE DU LAPIN

Pour aménager l'habitat de votre lapin, tenez compte de son mode de vie originel et proposez-lui des attractions à son échelle. Ne placez pas trop d'accessoires : le lapin doit avoir la place pour se déplacer.

Accessoires

Partir à l'aventure

Le lapin est un animal malin et un environnement monotone l'ennuiera rapidement. Donnez-lui des occasions de se distraire, ce qui renforcera aussi votre relation avec lui.

EN PLEIN AIR

En été, même le lapin qui reste habituellement dans votre logement doit pouvoir profiter de l'extérieur. Vous devez absolument l'habituer progressivement aux variations de température et à l'herbe de votre jardin, car elle est très riche en protéines. La meilleure solution consiste à opter pour un enclos mobile du commerce ou un enclos aménagé par vos soins,

Un enclos mobile est une solution pratique pour permettre à un animal casanier de profiter du plein air. Le sol est recouvert d'un grillage qui laisse passer l'herbe.

Les lapins apprécient les tunnels de toutes sortes. Ils peuvent s'y cacher et y jouer.

composé d'un cadre en bois entouré de grillage. Dans ce cas, n'oubliez pas de le recouvrir d'un filet afin de protéger le lapin des chats et des rapaces. Bien évidemment, l'enclos ne doit pas être en plein soleil et, si la température à l'ombre

dépasse 35 °C, il est préférable de rentrer le lapin. Dans tous les cas, l'animal doit toujours avoir de l'eau à disposition. Faites également en sorte qu'il ait toujours une cachette pour s'y terrer.

LEUR TERRAIN DE JEU

Que votre pensionnaire séjourne dans son enclos de vacances ou son enclos habituel à l'extérieur ou à l'intérieur, vous pouvez aménager un terrain de jeu qui satisfera sa curiosité et son envie d'exploration.
▸ **Les explorateurs en herbe** apprécieront particulièrement les cartons (non imprimés). Placez les cartons, percés de quelques ouvertures, côte à côte pour former un labyrinthe ou un

ensemble de petites tanières. Les animaux s'y cacheront ou joueront « au chat et à la souris ». Ils prendront encore plus de plaisir si vous remplissez les cartons avec différents matériaux : du foin dans le premier carton, des feuilles sèches dans le deuxième et de petits morceaux de papier dans le troisième.
▸ **Les tunnels** ont un véritable effet magique sur les lapins. Les animaleries proposent des tunnels en tissu spécialement destinés aux lapins nains. Mais une corbeille recouverte d'une couverture ou de vieilles serviettes fera parfaitement l'affaire. Veillez bien à ce que les animaux ne grignotent pas le tissu ou que des fils ne s'attachent pas à leurs pattes.
▸ **Il en va de même pour les emplacements** que le lapin utilise pour creuser et que vous aurez par exemple comblés avec de vieux draps. Les animaux apprécieront encore plus une caisse remplie de terre.

Partir à l'aventure

Devenir l'ami de son lapin

L'habitat de votre protégé est fin prêt : le jour tant attendu de son arrivée approche. Pour faire connaissance avec votre animal, procédez avec précaution.

Pour emmener le lapin dans sa nouvelle maison, placez-le dans une boîte de transport stable. La boîte devra être aussi grande que celle utilisée pour un chat et dotée d'une ouverture au sommet. Au préalable, placez-y de la litière et beaucoup de foin pour en faire un nid accueillant. Si vous devez faire un long trajet, vous pouvez proposer à votre animal un aliment riche en eau, comme du concombre, mais cela n'est pas nécessaire sur de courtes distances. Pendant le voyage, assurez-vous que le lapin n'est pas exposé à la chaleur, au froid, à l'humidité ou aux courants d'air. De même, faites en sorte d'emprunter l'itinéraire le plus court.

DU CALME AVANT TOUT

Une fois arrivé à destination, placez la boîte de transport dans l'enclos et laissez le lapin décider lui-même du moment de ses premiers pas dans sa nouvelle maison. Ensuite, il faut le laisser seul un certain temps. Au départ, il se mettra probablement dans un coin. Lorsqu'il sentira qu'il n'est pas observé, il explorera son enclos. Même

La présence de lapins déjà familiarisés permet à un nouvel arrivant de se sentir en sécurité dans un environnement inconnu. Adoptez si possible deux animaux qui se connaissent déjà.

Pour une meilleure prise de contact, donnez de la compote de pommes non sucrée à l'animal, mais en très petite quantité.

si cela peut être difficile, vous ne devez pas essayer de le prendre, sous peine de l'effrayer et de compliquer son acclimatation.

LES PREMIERS JOURS

Les premiers temps, limitez vos interventions dans la cage au strict nécessaire : nourrissez votre lapin, donnez-lui de l'eau, retirez les grosses traces de saleté et les restes d'aliments. Rapprochez-vous lentement et discrètement de la cage. En règle générale, évitez d'être bruyant pour ne pas effrayer votre nouveau pensionnaire. Dès que vous vous trouvez à proximité de la cage, évitez de parler fort. Lorsque le lapin se sera familiarisé avec sa cage et ne sera pas effrayé, vous pouvez vous accroupir devant la cage et lui parler gentiment. Ensuite, ouvrez la cage, puis entrez votre main. Laissez le lapin la renifler afin qu'il se familiarise à votre odeur. On estime que l'animal s'est habitué lorsqu'il ne va plus, par crainte, se terrer dans un coin lorsqu'on s'approche de la cage, mais qu'il se montre intéressé, allant même jusqu'à s'appuyer contre le grillage.

À SAVOIR
➜ Une affaire de caractère

Certains lapins sont timides et ont besoin de davantage de temps pour s'habituer à votre présence. Gagner la confiance de ces animaux timides est un défi !

VOIR VIDÉO
Devenir l'ami de son lapin

Devenir amis

Les règles de vie commune

Lorsque vous avez fait connaissance avec votre nouveau pensionnaire, c'est à vous qu'il incombe de poursuivre votre relation sur de bonnes bases. Si vous respectez quelques règles, vous vivrez de nombreux moments agréables avec votre lapin.

COMMENT MANIPULER LES LAPINS

Les lapins n'apprécient pas particulièrement d'être tenus en l'air, car ils ne sentent pas du tout rassurés. Lorsque vous souhaitez prendre un lapin, parlez-lui tout doucement, essayez de le caresser et amenez-le prudemment dans un coin de la cage avant de le saisir. Avec une main, attrapez la peau souple du cou, puis, le plus rapidement possible, soutenez son arrière-train, et placez doucement et prudemment l'animal contre votre poitrine. Vous devez également veiller à maintenir autant que possible ses pattes arrière. Souvenez-vous que les lapins, souvent très craintifs au départ, peuvent sauter, ce qui peut avoir de graves conséquences, car leur colonne vertébrale et leurs pattes arrière sont particulièrement fragiles. En cas de chute, l'animal pourrait être paralysé ou souffrir de graves fractures. C'est pourquoi il est essentiel de saisir le lapin en alliant fermeté (afin qu'il ne saute pas sur le sol) et douceur pour ne pas lui faire mal. Lorsque vous l'avez bien attrapé, le lapin ne doit pas pouvoir se débattre ou vous griffer.

Pour porter un lapin, soutenez toujours son arrière-train. Pour plus de sécurité, empoignez avec l'autre main l'animal au niveau du cou.

GUIDE DES BONNES MANIÈRES

Étant des proies dans la nature, les lapins se tiennent toujours sur leurs gardes en cas d'attaque d'un éventuel prédateur. C'est pourquoi vous devez agir avec précaution pour ne pas l'effrayer.

▸ **S'il perçoit des mouvements au-dessus de sa tête,** le lapin va immanquablement penser à un prédateur ou à un rapace.

Dans cette position, la plupart des lapins se laisseront mettre dans une boîte de transport. Maintenez bien les pattes arrière.

À SAVOIR

➡ Entretenir de bonnes relations

De petits cadeaux entretiennent l'amitié. Régulièrement, vous pouvez donner à vos lapins de petites friandises à la main. Vous instaurerez ainsi une relation de confiance et renforcerez le lien qui vous unit aux animaux.

Donner une bouchée en guise de récompense est plus efficace lorsque l'animal n'est pas rassasié. Il est donc recommandé de ne pas jouer tout de suite après le repas de l'animal et, avant de lui donner quartier libre, de ne lui donner qu'une légère collation. Ainsi, il retournera plus volontiers dans sa cage.

Aussi n'attrapez jamais brusquement l'animal en passant par-dessus. Pensez à vous accroupir.

▸ **Annoncez votre présence,** lorsque vous vous rapprochez de l'enclos ou de la cage, en lui parlant gentiment.

▸ **Les lapins n'aiment pas être portés.** Soulevez et prenez-les si vous avez un motif valable. Veillez également à ce que vos enfants ne les portent pas avec rudesse. Les lapins ne sont pas des peluches, ils pourraient tomber, se blesser gravement ou griffer vos enfants avec violence.

▸ **Les enfants peuvent caresser et tenir l'animal** uniquement **s'ils sont assis par terre.** Un animal remuant peut se sauver sans danger et sauter lorsqu'il en a assez. Expliquez bien aux enfants qu'ils ne doivent pas serrer l'animal trop fort.

▸ **Attention aux supports lisses,** comme une table. Les lapins ne doivent pas être posés sans être soutenus et maintenus au niveau du cou. Dans le cas contraire, ils pourraient sauter et se blesser.

VOIR VIDÉO
Sortir un lapin de son panier

Comprendre les lapins nains

Si vous vous occupez de vos lapins avec attention, vous apprendrez à interpréter leur comportement. Voici comment décrypter l'attitude de vos petits compagnons.

LE LANGAGE DU CORPS

Les lapins possèdent tout un éventail d'attitudes et d'expressions différentes. Ce comportement varié est typique des animaux vivant en liberté avec leurs congénères.

▸ **« Je suis là » :** Le lapin vous pousse légèrement avec son nez. Cela signifie qu'il souhaite attirer votre attention ou qu'il est prêt à jouer. Si l'animal vous aime beaucoup, il léchera peut-être votre main, car la peau a un goût légèrement salé.

▸ **Détendu :** Le lapin est sur le foin, les pattes arrière éloignées du corps. Un animal qui se roule dans sa litière se sent particulièrement bien.

▸ **Attention :** Un lapin curieux s'assoit sur ses pattes arrière pour avoir une bonne vue d'ensemble de son environnement. Cette attitude montre également que le lapin souhaite avoir quelque chose.

▸ **Soif d'aventure :** L'animal bondit avec entrain dans la pièce ou son enclos, change brutalement de direction ou secoue la tête.

▸ **Mon ami :** À l'image du chat qui laisse son odeur, les lapins libèrent une substance odorante à l'aide d'une glande mentonnière. Si un lapin frotte son menton contre vous, cela signifie qu'il veut vous « donner » l'odeur du groupe.

PEUT-ON ÉDUQUER UN LAPIN ?

On ne peut pas éduquer un lapin de la même manière qu'un chien. Toutefois, c'est un animal intelligent et vous pourrez lui apprendre quelques tours avec de la patience, des compliments et de nombreuses friandises.

▸ **Dans une maison,** la plupart des lapins sont propres car ils recherchent très souvent un endroit pour y faire leurs besoins. Ils s'habitueront à un bac à litière tel qu'on en trouve pour les chats (page 22). La meilleure solution consiste à

➜ Faites preuve de considération

Si le lapin repousse votre main ou s'il cogne la tête contre votre main, il souhaite qu'on le laisse tranquille.

Un animal frappant le sol de ses pattes arrière montre sa mauvaise humeur ou sent un danger. Parlez-lui doucement. Les femelles en chaleur adoptent souvent ce comportement.

Le corps tendu, la queue pointée vers le ciel ou les oreilles rabattues sont signes que le lapin est énervé ou qu'il est prêt à se défendre. Laissez-le tranquille.

Un animal plaqué au sol affiche sa soumission. En cas de danger, il peut même faire le mort, dans l'espoir de tromper son « adversaire ».

Lorsqu'ils sont en liberté, les lapins bien apprivoisés recherchent volontiers le contact. Certains vous suivront même pas à pas.

l'installer dans la cage, à l'endroit où le lapin fait ses besoins. Si vous utilisez un bac à litière et, après un certain temps, en placez un autre dans un coin de la pièce lorsque le lapin est hors de sa cage, l'animal acceptera généralement cet autre bac sans difficulté. Lorsqu'ils sont partis en vadrouille, de nombreux lapins cherchent leur cage lorsqu'ils doivent faire leurs besoins. Si le lapin n'a pas rejoint sa cage à temps, nettoyez immédiatement les traces de son passage. Lorsque le lapin est lâché dans une pièce, il est possible qu'il recherche un autre endroit pour y faire ses besoins. Vous devez alors poser le bac à litière dans lequel vous aurez, au préalable, placé des crottes en quantité suffisante. Pendant les premiers jours de l'acclimatation de vos petits protégés, il est toujours opportun de laisser les excréments avec de l'urine dans le bac à litière.

À SAVOIR
➡ **Ce qui est normal**

Même les lapins nains savent exactement ce qu'ils veulent. S'ils souhaitent une friandise, les lapins peuvent être très pressants et se mettre à mendier. Ne leur donnez rien de plus au risque de semer la confusion. Ne soyez pas surpris si les lapins mangent leurs crottes, c'est parfaitement normal. Ces crottes, appelées cæcotrophes, contiennent des vitamines, les éléments constitutifs des protéines, des oligoéléments et des minéraux dont l'animal a besoin.

Comprendre les lapins

La socialisation

Pour que les lapins élevés en cage restent en forme, ils doivent sortir 2 heures par jour. Plus ils se dégourdissent les pattes, mieux ce sera pour eux!

L'élevage de lapins en groupes est un mode de vie qui respecte leur rythme biologique, même si un animal est destiné à vivre seul la majeure partie du temps et profiter de la compagnie de son maître une heure par jour, par exemple. Cependant, l'association de plusieurs animaux ne se déroule pas toujours sans anicroche. Il s'agit surtout de trouver la bonne combinaison. Vous devez faire preuve de patience si vous souhaitez socialiser votre lapin avec ses congénères.

LE BON PARTENAIRE

La socialisation d'un lapin adulte peut s'avérer très difficile. Si vous avez des doutes, demandez conseil auprès de spécialistes ou d'éleveurs expérimentés.

Il est aussi possible de trouver soi-même le futur partenaire de votre lapin.

▸ **Plus les animaux sont jeunes,** plus la socialisation est aisée, surtout avant leur maturité sexuelle.

▸ **Vous pouvez alors tenter les combinaisons suivantes :** trois lapins ou un couple, dont le mâle est castré.

▸ **Les femelles peuvent causer quelques tracas.** Si vous souhaitez socialiser une femelle avec un mâle, ce dernier ne doit pas être trop jeune et inexpérimenté. Choisissez un mâle du même âge ou plus vieux.

▸ **Les conflits territoriaux** sont le principal motif de dispute. Les animaux doivent donc faire connaissance en terrain neutre. Ce dernier, que vous aurez préalablement fermé, devra présenter une multitude de cachettes, avec de nombreuses issues pour s'échapper. Pour occuper les animaux, prenez le soin de disperser un peu de nourriture.

Un lapin et un chien peuvent très bien s'entendre. Mais ne les laissez jamais seuls sans surveillance.

▸ **Frottez les animaux avec la litière** utilisée par leurs congénères afin qu'ils acceptent leur odeur.

▸ **Pendant la socialisation,** demandez l'assistance d'un autre membre de la famille afin de pouvoir saisir deux lapins en même temps en cas de conflit violent. Dans cette perspective, ayez toujours des gants épais à portée de main.

▸ **Si les lapins s'entendent bien,** vous pouvez les laisser se déplacer dans la pièce. S'ils affichent une bonne entente pendant une journée, vous pouvez les installer dans leur cage (voir encadré). Prenez ensuite le temps de les observer.

La socialisation peut durer plusieurs semaines. Si les animaux ne s'entendent pas du tout, faites une nouvelle tentative avec un autre animal.

FAIRE CONNAISSANCE AVEC D'AUTRES ANIMAUX

Dans les animaleries, le seul animal qui s'entend avec le lapin est le cochon d'Inde. On remarque parfois que les mâles non castrés et les femelles dominantes essayent de s'accoupler avec des cochons d'Inde. Ils peuvent même tenter de les mordre, provoquant parfois de graves blessures. La vie en communauté avec ces animaux doit donc cesser. Si vous élevez des lapins avec des cochons d'Inde, prévoyez un vaste enclos avec de nombreuses cachettes.

De petits refuges dotés d'un toit plat seront également appréciés par les deux espèces. Ils pourront s'y installer et profiter du point de vue. L'inconvénient est que les excréments restent sur place et que l'enclos est plus souillé.

▸ **Les chiens bien éduqués** peuvent parfois vivre avec des lapins. Cependant, ne les laissez pas sans surveillance. Il en est de même pour les chats.

▸ **De grands perroquets** en liberté peuvent également blesser gravement les lapins.

Socialisation

L'alimentation

Donner une alimentation qui correspond aux besoins du lapin est le premier soin à lui apporter. Voici ce que vous devez savoir.

Le lapin de garenne se nourrit exclusivement de végétaux. Les graminées et les herbes figurent en tête de liste ; en hiver, le lapin mange des herbes sèches. Il consomme beaucoup moins de betteraves, de carottes, de pommes, de poires ou d'autres produits similaires. Les lapins rongent volontiers l'écorce des arbres, les branches fines dont ils mangent les feuilles.

PRINCIPES DE BASE

▸**Les lapins doivent recevoir une alimentation riche en fibres et pauvres en substances nutritives.** Ils doivent manger à intervalles rapprochés pendant une grande partie de la journée et de la nuit. Pour éviter tout problème de digestion, **il faut toujours qu'ils aient du foin à disposition.** Cependant, si vous leur donnez de l'herbe du jardin, laissez-la sécher au préalable pendant au moins six semaines.

▸**Le foin** les graminées et les herbes fraîchement coupées doivent être dans un râtelier, dans lequel le lapin ne pourra pas sauter. Ainsi, il ne salira pas son contenu avec ses excréments et son urine. Un râtelier doté d'un couvercle en bois rabattable est une bonne solution.

▸**Les aliments prêts à l'emploi,** très énergétiques ou sous forme concentrée, sont la plupart du temps proposés dans de jolis emballages. Ces aliments, si tant est qu'ils soient nécessaires, doivent uniquement constituer une petite partie de leur alimentation. Les aliments frais sont préférables (page 36). Quel que soit le type d'aliments énergétiques, veillez à en donner **au maximum 10 g par jour et par kilogramme de poids corporel.** L'avoine est ici l'aliment le mieux adapté. Suivez le même principe pour les aliments énergétiques prêts à l'emploi du commerce, composés de graines de tournesol, de graines de lin, de raisins secs, de noix, etc., car, dans la nature, le lapin de garenne tombe rarement sur ce type d'aliments. Du pain rassis, blanc ou noir, évidemment sans moisissures, et plus particulièrement des biscottes ou du pain suédois, peuvent aussi convenir. En résumé : pas plus de 10 g d'aliments énergétiques par kilo de poids corporel ! Ces ali-

Au printemps, il est impératif d'habituer progressivement les lapins à l'herbe fraîche.

Le foin, ainsi que d'autres herbes comme le pissenlit, constituent les principaux aliments des lapins.

ments doivent être distribués exceptionnellement.

L'EAU

Plus vous donnez d'aliments secs à votre lapin, plus ses besoins en eau sont élevés. Dans l'idéal, proposez de l'eau fraîche, renouvelée chaque jour, dans un abreuvoir.

LA DIGESTION

Le lapin doit impérativement manger régulièrement ses cæcotrophes. Ce comportement est vital pour sa survie. C'est surtout pendant la nuit que le lapin produit ce type d'excrément, qui ne ressemble pas du tout aux petites crottes noires ou brunes, relativement compactes. Les cæcotrophes sont plus molles, plus claires et luisantes. Elles renferment une grande quantité de bactéries essentielles à la vie : elles jouent un rôle prépondérant en permettant de produire une grande quantité de vitamines, notamment celles du groupe B. Ainsi, ces crottes couvrent une grande partie des besoins du lapin en vitamines B. Les protéines que renferment ces nombreuses

bactéries constituent également un élément indispensable de son alimentation. Si la production des cæcotrophes est perturbée de quelque manière que ce soit, l'animal peut tomber gravement malade.

▶ **L'estomac des lapins** possède une paroi relativement fine. En cas de surcharge consécutive à l'assimilation d'une grande quantité de nourriture en peu de temps, l'estomac peut être gravement atteint. L'intestin se caractérise quant à lui par l'absence de péristaltisme, c'est-à-dire qu'il est incapable de faire avancer son contenu à l'aide de contractions musculaires. L'animal digère uniquement s'il mange quasiment en permanence. Dans cette optique, l'aliment de base est le foin, qui permet aussi à l'animal d'user suffisamment ses

dents qui poussent pendant toute sa vie.

À FAIRE ET À ÉVITER

Lorsque vous accueillez le lapin chez vous, donnez-lui la nourriture à laquelle il est habitué et modifiez-la lentement et progressivement. Procédez toujours par étapes pour intégrer un nouvel aliment frais qu'il n'a pas l'habitude de manger. Les friandises et autres bâtonnets à grignoter vendus en animaleries sont le plus souvent inappropriés, car ils sont trop riches et contiennent des substances indigestes (céréales, amandes, sucre ou mélasse).

VOIR VIDÉO
L'alimentation

Alimentation

Les aliments frais

Les aliments frais sont indispensables à la bonne forme du lapin.

CRUDITÉS

En été, proposez toujours une quantité suffisante de fourrage vert à votre lapin : graminées, plantes herbacées, et particulièrement le pissenlit, le plantain majeur, le plantain lancéolé, l'achillée, la berce et le mouron des oiseaux. Attention à la luzerne et aux trèfles rouge et blanc, que vous ne devez donner qu'en très petites quantités avant leur floraison. Évitez le mélilot car il est très riche en coumarine, qui peut affecter la coagulation sanguine.

▸**Au début du printemps,** commencez à donner progressivement de la verdure au lapin afin que son système digestif s'habitue lentement à sa teneur élevée en protéines. Pour ce faire, mélangez un peu de fourrage vert avec du foin. Le lapin essaiera sûrement de manger les petites tiges et les feuilles en premier, mais il n'en mangera pas beaucoup. Vous pouvez donner aux lapins de la verdure mouillée, par la pluie ou la rosée, sans problème. Si elle ne vous paraît pas suffisamment propre, lavez-la.

▸**Jusqu'en hiver,** le mouron des oiseaux est frais. Apprécié des lapins, il ne supporte pas les températures négatives.

▸**En hiver,** mais aussi en été, si la verdure vient à manquer, vous pouvez la remplacer par différentes salades (salade verte, chicorée, laitue à couper). Veillez à ne pas donner trop de salade sous peine de provoquer une diarrhée.

CHOUX

Les lapins apprécient différentes variétés de choux (chou-fleur, chou-rave, chou de Bruxelles, chou vert). Ils mangent volontiers la tête, la tige et les feuilles. En revanche, ne donnez que de faibles quantités de chou blanc pommé comme le chou de Milan car ils provoquent de forts ballonnements.

CAROTTES ET CIE

Les carottes sont particulièrement appréciées des lapins, y compris les feuilles (fanes). Il en est de même pour les betteraves

---

➜ À table !

Ne ramassez pas les herbes et les branches à proximité de routes très fréquentées car elles contiennent beaucoup de substances toxiques. Assurez-vous que les végétaux ne sont pas souillés par les déjections canines et félines.

Ne donnez jamais d'aliment directement sorti du réfrigérateur. Les animaux digéreraient plus difficilement.

Assurez-vous de la qualité des aliments frais (qui doit correspondre à celle de l'alimentation humaine).

Si vous achetez des végétaux, choisissez si possible des aliments « bio », vierges de toute substance toxique.

Préparez les aliments comme vous le feriez pour vous-même : lavés et, le cas échéant, épluchés.

Le pissenlit fait partie des aliments favoris du lapin.
Son goût légèrement amer ne le gêne absolument pas.

fourragères et les betteraves
rouges. À cause de leur
teneur en sucre, les betteraves sucrières doivent être
proposées en quantités plus
faibles pour que le lapin ne
grossisse pas trop ou ne
souffre pas de problèmes
digestifs. Les animaux
mangent volontiers les
jeunes plants de maïs et les
épis de maïs (avec leurs
feuilles). Mais, en raison de
leur teneur en amidon, vous
ne devez en donner que de
petites quantités.
Le fenouil, les concombres,
les poivrons, les tomates et
les courgettes sont également bons pour leur santé.

FRUITS

Deux à trois fois par
semaine, vous pouvez offrir
ces friandises à vos lapins.
Un peu de poire, de banane,
de kiwi, de melon ou de
raisin fera l'affaire. Chaque
jour, vous pouvez même
leur donner de la pomme.
Vous devrez néanmoins
éviter les fruits à noyau
(cerises, prunes, etc.).
La plupart des lapins
aiment ronger les branches,
mais d'autres doivent
d'abord s'y habituer.
L'écorce et les feuilles renferment de précieuses protéines et vitamines, des sels
minéraux et des oligoélé-
ments. Le tilleul, le bouleau,
le frêne, le pommier, le poirier, le saule et le noisetier
sont de bons choix.

VOIR VIDÉO
*Une digestion
hors normes*

VOIR VIDÉO
*L'usure
des dents*

Aliments frais

QUELQUES EXERCICES
stimulants

Les lapins sauvages consacrent plusieurs heures par jour, le plus souvent la nuit ou au crépuscule, à la recherche de nourriture. Pour rester en forme, votre petit protégé a également besoin de cette activité propre à son rythme biologique.

RÉCOMPENSES

Les lapins sont très intelligents et se laissent volontiers distraire en jouant. Si vous agitez une récompense devant un lapin dégourdi, même un animal timide se laissera tenter par un petit parcours d'obstacles. Commencez par un obstacle facile à franchir. Pour motiver le futur petit sportif, appâtez-le par exemple avec un morceau de carotte ou un petit bout de pomme.

Soyez patient, c'est essentiel pour persuader le lapin de franchir l'obstacle. Dès le départ, certains lapins manifestent un certain engouement. Complimentez votre lapin et entraînez-le à franchir l'obstacle, étape après étape. Chaque fois qu'il progresse, donnez-lui une récompense et encouragez-le. Si le lapin a compris de quoi il retourne, vous pouvez lui proposer un parcours complet. Mais ne soyez pas déçu s'il n'y prend pas plaisir.

VOIR VIDÉO
Les jouets

BALLES

Une balle contenant de la nourriture est, pour beaucoup de lapins, un objet passionnant. Ces balles, disponibles dans les animaleries, présentent une ouverture, permettant d'y glisser des friandises. Le lapin doit faire rouler la balle sur le sol afin de faire tomber la bouchée tant convoitée par l'ouverture. Lorsque vous confiez la balle à votre pensionnaire, vous devez d'abord lui montrer plusieurs fois le principe de fonctionnement. Les animaux particulièrement futés comprendront rapidement ce principe, apprécieront ce jeu et feront preuve d'habileté.

ROULEAUX

L'intelligence est également nécessaire pour venir à bout de l'exercice qui consiste à placer des friandises au centre d'un rouleau de papier toilette et à boucher les extrémités avec du foin ou du papier toilette (non imprimé). Assurez-vous que le rouleau ne présente aucune trace de colle. Les lapins peuvent alors sortir ou grignoter le foin ou le papier toilette. Vous pouvez aussi mettre de la nourriture dans un carton rempli de foin, de feuilles sèches (par ex. de bouleau) ou de petits morceaux de papier blanc. Cela occupe les lapins pendant un certain temps, jusqu'à ce qu'ils trouvent la nourriture dans la boîte.

Exercices

Être en forme tout en s'amusant

Distraire ses lapins et jouer avec eux les empêche de s'ennuyer, mais permet aussi de passer du temps avec eux et de mieux le connaître. En effet, c'est pendant le jeu qu'ils se montrent sous leur meilleur jour.

TRUCS ET ASTUCES

Un lapin est autonome et possède un caractère particulier, si bien que vous ne pouvez pas le dresser comme un chien. Un lapin sait exactement ce qu'il veut. Cependant, avec de la patience, des compliments et des friandises pour le motiver, vous pourrez lui apprendre beaucoup de choses. Toutefois, vous devez toujours tenir compte du caractère de chaque animal. Certains manifesteront de l'entrain, d'autres préféreront grignoter dans leur coin. Ne faites pas trop durer la séance : deux à quatre exercices par jour, de 5 minutes chacun, sont suffisants et évitent de solliciter

Laissez la magie aux professionnels. On peut douter que les lapins apprécient ce genre de tours.

excessivement l'animal. Si le lapin n'est pas coopératif, ne le forcez pas. Au contraire, soyez encore plus patient ou proposez-lui un autre jeu.

▸ **Entraînez-le à reconnaître son nom** en lui offrant une friandise. S'il vient vers vous, dites son nom, complimentez-le et récompensez-le.

▸ **Faire le beau** est une facette naturelle du comportement du lapin. Pour lui apprendre plus facilement ce tour, tenez une friandise au-dessus de l'animal. Lorsqu'il se redresse, prononcez le « mot magique » (« debout » par exemple), complimentez-le, puis donnez-lui la friandise.

À SAVOIR
➡ **De véritables petits boute-en-train**

Les lapins peuvent très bien se divertir seuls. Ils s'amuseront beaucoup avec, par exemple, un grand sac en papier rempli de foin et de friandises bonnes pour la santé. Pour divertir votre lapin, donnez-lui un petit sac en papier vide, comme un sachet de boulangerie. Ils apprécient le bruit du papier et les quelques miettes qui s'y trouvent.

Le saut d'obstacles pour lapins est né en Grande-Bretagne. Ce sport d'équipe exigeant compte de nombreux fans.

LE PARCOURS D'OBSTACLES

C'est le dernier sport en vogue pour les lapins. Comme pour les parcours faisant intervenir des chiens, le lapin, guidé par son maître, franchit divers obstacles. Par exemple, il saute des barrières ou traverse des tunnels. Il s'agit d'une activité très gratifiante si le lapin y prend plaisir et ne subit aucune contrainte. Ce sport peut s'avérer dangereux si le lapin est tenu en laisse (des animaux ont déjà été gravement blessés). Sans laisse, le lapin y prend beaucoup de plaisir, tout comme son maître.

Être en forme

L'environnement

Pour que les lapins élevés en cage restent en forme, ils doivent sortir 2 heures par jour. Plus ils se dégourdissent les pattes, mieux ce sera pour eux!

Vous serez étonné de voir à quel point vos petits compagnons apprécient cette liberté. Certains lapins deviennent même affectueux et vous suivent pas à pas.

SOYEZ VIGILANTS

Les lapins aiment bien ronger, et les meubles de valeur ne les arrêtent pas. Comme ils sont doués pour le saut, ils chercheront des places de choix sur les fauteuils, les canapés et les meubles à leur portée.

▸ **Même les lapins propres** marquent leur territoire. Pour ce faire, ils frottent généralement leur menton sur divers objets. Ce marquage est pour nous imperceptible, mais un autre lapin, surtout s'il s'agit d'un mâle, peut être incité à uriner.

▸ **Les animaux qui séjournent à l'intérieur** et sortent sur le balcon ou la véranda, mangeront les plantes à leur portée et mettront beaucoup d'entrain à gratter la terre des pots.

UNE SURVEILLANCE DE TOUS LES INSTANTS

Les lapins sont curieux, ce qui peut les amener à faire des bêtises. C'est pourquoi vous devez les surveiller pendant leurs pérégrinations pour intervenir rapidement en cas d'urgence. Cette surveillance doit s'effectuer à une distance convenable afin que les animaux n'aient pas l'impression d'être observés et soient détendus. Toute réaction de l'observateur qui pourrait effrayer l'animal est à proscrire. Autrement dit, assurez-vous d'avoir suffisamment de temps avant de commencer à agir. Malgré cela, faites en sorte de limiter au maximum les risques. Au départ, les lapins doivent uniquement quitter leur cage sous votre surveillance. Si possible, ils doivent y retourner d'eux-mêmes, au moins au début et, par conséquent, être nourris uniquement après leur excursion. Il n'est pas

➜ Éviter les dangers

La peinture des meubles et d'autres objets peut empoisonner l'animal s'ils la rongent. Dans le doute, maintenez le lapin à distance.

Certaines plantes sont toxiques. C'est le cas de la digitale, du muguet, du lierre, du philodendron et du poinsettia (p. 60).

Faites attention à ne pas marcher sur un lapin par inadvertance. En outre, les autres animaux domestiques doivent rester dans une autre pièce lorsque le lapin est de sortie (p. 32).

Les câbles et fils électriques doivent être dissimulés afin que le lapin ne les grignote pas.

Le lapin peut se cacher dans les fentes et les tiroirs et s'y retrouver coincé.

Lorsque le lapin est en liberté chez vous, veillez à ce qu'il ne grignote rien. Les tapis, par exemple, peuvent contenir des substances toxiques.

judicieux de les pourchasser. Plus tard, ils rentreront seuls dans leur cage lorsque vous les appellerez, et surtout si vous leur présentez une friandise, là encore en évitant de les effrayer. Vous pouvez aussi prendre l'animal et le rentrer dans sa cage après lui avoir parlé doucement et l'avoir caressé. Si vous souhaitez laisser l'animal aller à sa guise chez vous, laissez-le s'habituer à sa cage pendant quelques semaines. Au cours de cette période, la cage sera posée à même le sol et devra comporter une ouverture non seulement à son sommet, mais également à l'avant ou sur le côté.

EN CAS DE VOYAGE À L'ÉTRANGER...

Si vous voyagez hors d'Europe, munissez-vous d'un certificat vétérinaire de vaccination. Le vaccin devra avoir été fait au maximum un an auparavant. Si vous devez prendre l'avion, le lapin, même placé dans une boîte de transport, ne pourra généralement pas être avec vous dans la cabine passagers en raison du risque de grignotage des câbles. Renseignez-vous auprès de la compagnie aérienne.

VOIR VIDÉO
Les dangers domestiques

Environnement

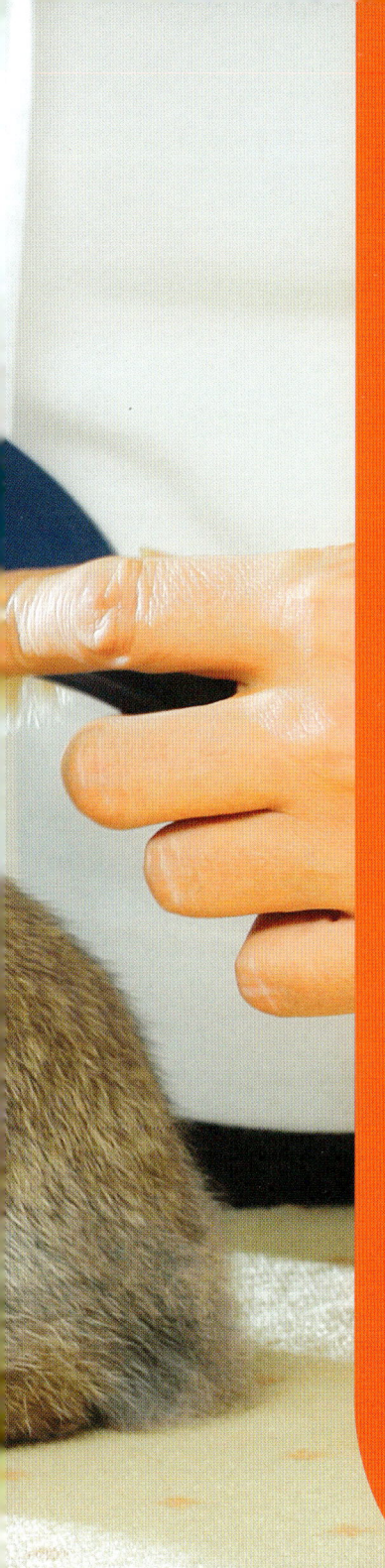

Des soins et de l'affection

Le nettoyage

Les lapins sont des animaux très propres qui passent chaque jour beaucoup de temps à prendre soin de leur pelage. Seuls les lapins à poils longs auront besoin de votre aide. Vous devrez néanmoins veiller à ce que leur cage soit toujours propre pour empêcher l'apparition des maladies et des mauvaises odeurs.

Seul le grand soin qu'ils apportent à leur pelage permet aux lapins de réguler efficacement la chaleur.

SOINS DU PELAGE

Les lapins qui séjournent constamment dans un logement relativement chaud ont tendance à voir leur mue se prolonger. Dans ce cas, vous pouvez aider l'animal en le brossant à l'aide d'une brosse souple. S'il s'agit d'un lapin à poils longs, vous devez impérativement l'aider à prendre soin de son pelage en le peignant et en le brossant régulièrement. Vous devez faire particulièrement attention aux parties inférieures du corps, notamment aux pattes arrière, sur lesquelles peuvent se former des nœuds présentant une texture similaire à celle du feutre. Si vous ne vous parvenez pas à les démêler avec précaution, coupez-les. Le pelage des lapins angoras est le plus difficile à entretenir. Vous devez le peigner et le brosser chaque jour.

Si vous le placez à l'endroit où il fait ses besoins, un lapin adoptera sans grande difficulté un bac pour chat, garni de litière pour petits animaux.

En outre, vous devez le tondre quatre fois par an, chaque tonte étant espacée d'environ 3 mois. Assurez-vous de laisser environ 1 cm de poil sur tout le corps afin de ne pas provoquer une hypothermie.

NETTOYAGE DE LA CAGE

Pour nettoyer la cage, n'utilisez pas de produit corrosif, mais de l'eau chaude et éventuellement un nettoyant au vinaigre si la cage est très sale. Dans ce cas, rincez abondamment à l'eau. Avant de replacer les accessoires, assurez-vous qu'ils sont tous secs. Pendant le nettoyage, vous pouvez laisser les animaux se promener à leur guise.

▶ **Ce qu'il faut faire.** Chaque jour, nettoyez le coin où le lapin fait ses besoins (ou son bac à litière), les écuelles et l'abreuvoir. Chaque jour, enlevez les restes de nourriture de la veille. Une à deux fois par semaine, nettoyez la cage à fond et les accessoires si nécessaire. La désinfection de la cage n'est nécessaire que si votre vétérinaire le conseille, notamment en cas de maladie.

À SAVOIR
➜ Et les vacances ?

Pendant les vacances, votre lapin peut rester chez vous. Vous ne devez pas l'emmener avec vous, car un voyage est très stressant.

Prenez vos dispositions suffisamment à l'avance pour trouver une personne qui s'occupera de votre lapin à votre domicile ou qui l'accueillera chez elle en votre absence.

Montrez à votre « remplaçant » les soins de manière détaillée et laissez-lui le numéro de téléphone du vétérinaire et l'adresse de votre lieu de vacances.

VOIR VIDÉO
Partir en voyage

Nettoyage

Les soins préventifs

Si vous adoptez une attitude responsable en matière d'élevage et d'alimentation, les maladies resteront exceptionnelles. Au moins une fois par semaine, vous devez, à titre préventif, passer vos animaux à la loupe pour détecter, le cas échéant, les premiers signes de maladie et réagir rapidement.

SOINS DES GRIFFES

Il peut arriver que les griffes soient trop longues, notamment chez les lapins âgés ou qui ne sont pas très actifs. Il faut alors les couper, dans l'idéal à l'aide d'une pince spécifique disponible en animaleries. Chez les lapins aux griffes claires, on distingue facilement la zone irriguée par le vaisseau sanguin. La griffe devra être coupée quelques millimètres sous cette zone, de manière à ce que l'inclinaison de son extrémité corresponde à celle d'une griffe non coupée. La coupe s'avère plus délicate sur les griffes très pigmentées des lapins de couleur sombre. Vous devez alors agir avec prudence pour éviter les saignements. Il est donc préférable de moins raccourcir la griffe et de la couper une nouvelle fois après quelques semaines. Si vous manquez de confiance pour réaliser cet acte, demandez à votre vétérinaire de vous montrer comment procéder.

CONTRÔLE DES DENTS

Bien que vous ne deviez pas laver les dents de vos lapins, vous devez contrôler, une fois par semaine, leur usure et l'absence de dents cassées. Les dents peuvent prendre une mauvaise position si elles

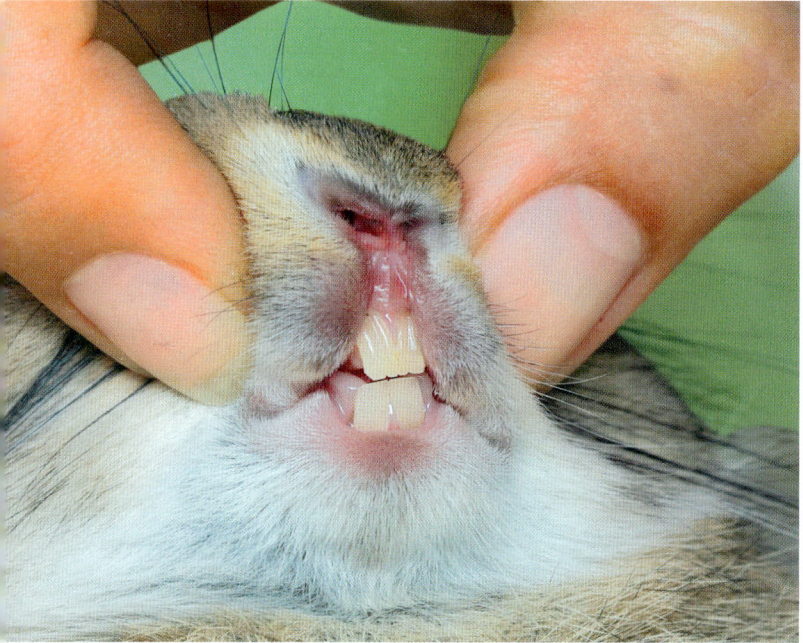

Ces dents ont une couleur normale. Vérifiez régulièrement que les incisives sont bien positionnées.

VOIR VIDÉO
Le brossage

À SAVOIR
➜ **Vaccins indispensables**

Une fois par an, vous devez faire vacciner votre lapin par un vétérinaire pour le protéger de deux maladies dangereuses : le VHD (maladie hémorragique du lapin) et la myxomatose (pages 53 et 60).

Le pelage est un bon indicateur de la santé de l'animal.

s'usent mal ou de manière incorrecte, en raison de la consommation insuffisante de foin ou en rongeant des branches. L'animal peut maigrir, refuser la nourriture et se mettre à baver. Si l'un de vos lapins adopte ce comportement, consultez un vétérinaire. Parfois, il suffit de corriger la position des dents une seule fois et, en cas de défaut congénital, le vétérinaire devra les raccourcir régulièrement.

CONTRÔLE DU POIDS

Vous devez peser votre lapin une fois par semaine pour avoir une idée objective de son état nutritionnel. Vous pouvez par exemple peser l'animal dans sa boîte de transport et déduire son poids. Une variation de poids de plus 100 g est préoccupante. Vous devez également être attentif aux faibles variations de poids des tout petits lapins. Les animaux trop gros, quant à eux, sont moins actifs et tombent plus facilement malades.

PRÉCAUTIONS

Pour habituer votre lapin à un nouvel aliment ou aux séjours hors de la cage, le principe est le suivant : procédez progressivement. Un lapin peut être élevé en liberté toute l'année, mais uniquement s'il a assez de temps en été et à l'automne pour se constituer un pelage d'hiver.

VOIR VIDÉO
Couper les griffes

Reconnaître une maladie

Généralement, un lapin cache une maladie le plus longtemps possible. Vous devez donc être attentif au moindre signe suspect.

ÉTAT DE SANTÉ

Voici quelques contrôles simples pour savoir si un lapin est malade :

▸ **Les excréments du lapin** sont, en général, en forme de haricots et brun foncé. Un anus sale est un signe de diarrhée.

▸ **L'urine du lapin,** par rapport à celle d'autres animaux ou de l'homme, est très épaisse et plus sombre, jusqu'au brun foncé. Si le lapin mange beaucoup de betterave rouge, l'urine prend une teinte rougeâtre foncée tirant sur le violet.

▸ **Un lapin en bonne santé** présente un pelage dense, brillant et entretenu. Des croûtes, l'apparition de squames et des chutes localisées de poils peuvent trahir la présence de parasites. Vous devez également être sur vos gardes si le lapin se gratte plus souvent.

▸ **Des croûtes,** un écoulement nasal, oculaire ou auriculaire sont des signes préoccupants.

▸ **Un corps courbé** et une respiration rapide (sauf en cas de chaleur ou d'énervement) montrent que le lapin souffre, par exemple, de ballonnements, provoqués par une consommation excessive d'aliments frais.

▸ **Des mouvements inhabituels,** comme une claudication, ou la tête penchée, doivent vous mettre la puce à l'oreille.

▸ **Des pattes avant humides** sont souvent la conséquence d'un écoulement nasal ou de problèmes dentaires.

▸ **Palpez vos lapins** pour rechercher d'éventuels gonflements ou grosseurs. Si les tumeurs sont détectées de manière précoce, elles peuvent être généralement retirées sans problème à l'aide d'une intervention chirurgicale.

▸ **Un lapin en bonne santé** présente les caractéristiques suivantes :

- **Température corporelle** (au niveau du rectum) : 38,5 à 39,5 °C.

- **Fréquence respiratoire :** 50 à 150 mouvements par minute.

- **Pouls :** 120 à 150 pulsations par minute.

➔ Chez le vétérinaire

Avant de poser un diagnostic, le vétérinaire réalise un examen complet et se renseigne sur les conditions d'hébergement et l'alimentation de l'animal.

N'hésitez pas à poser des questions en cas de point obscur. Il vous apportera des réponses compréhensibles et prendra en compte vos soucis et vos craintes.

Respectez les indications du vétérinaire et suivez les prescriptions de son ordonnance.

Si le vétérinaire prescrit des comprimés, broyez-les et mélangez la poudre obtenue avec de la compote de pommes. Si l'animal refuse de manger, dissolvez les comprimés dans de l'eau (voir page 55), donnez-lui à la seringue sans aiguille.

Transportez toujours vos lapins dans une boîte prévue à cet effet de taille convenable.

ACARIENS ET CHAMPIGNONS

La présence de dépôts farineux et pâteux dans les oreilles est le plus souvent causée par des acariens, qui provoquent la gale. Des croûtes apparaissent à divers endroits de la tête. Selon l'espèce d'acarien de la gale, les démangeaisons sont plus ou moins fortes. Par ailleurs, les lapins ne sont pas épargnés par les mycoses, qui se manifestent souvent par des altérations, plus ou moins circulaires, de certaines parties de la peau, associées à des chutes de poils. Si une maladie provoquée par les acariens ou les champignons se manifeste, consultez le vétérinaire qui prescrira un traitement approprié. Si vous soupçonnez une infestation de champignons, ne touchez pas votre visage ou d'autres parties de votre corps après avoir manipulé l'animal malade, afin d'éviter toute contagion. Désinfectez-vous les mains à l'aide d'un produit adapté car un simple lavage ne suffit pas.

Reconnaître une maladie

Les maladies

Lorsque l'un de vos lapins montre des signes de maladies, vous devez le faire examiner par un vétérinaire. Il est important de connaître les maladies les plus fréquentes et de savoir réagir lorsque la situation l'exige.

Un lapin en bonne santé s'intéresse à son environnement. S'il cherche à s'isoler, soyez sur vos gardes : c'est souvent le signe d'une maladie.

PROBLÈMES DIGESTIFS

Le plus souvent liés à l'alimentation, ils peuvent entraîner diarrhée et ballonnements. Toutefois, ils peuvent être également provoqués par une infection due à des bactéries ou à des organismes vivants unicellulaires, comme dans le cas de la coccidiose. Cette maladie épidémique touche principalement les animaux jeunes, uniquement après qu'ils ont quitté le nid, et se manifeste par une diarrhée et des ballonnements.

▶ **Que faire ?** Consultez rapidement le vétérinaire et modifiez immédiatement l'alimentation du lapin en lui donnant du foin de bonne qualité et des branches de chêne et des diverses espèces de saule. Grâce à leur teneur élevée en tanins, elles sont bénéfiques en cas de diarrhée. Mettez aussi à disposition du lapin une grande quantité d'eau fraîche, à laquelle

Des aliments frais sont essentiels à la santé de votre lapin. Néanmoins, vous devez cesser de lui en donner s'il souffre de diarrhée.

vous aurez préalablement ajouté une pincée de sel. Si nécessaire, vous devrez nourrir l'animal vous-même (page 55).

PASTEURELLOSE

Si l'environnement et les conditions d'élevage des lapins sont néfastes, il n'est pas étonnant que les animaux tombent souvent malades. Un écoulement nasal dilué est le premier symptôme. Très souvent, le lapin éternue. Le principal agent pathogène de ce « rhume » étant une bactérie tenace, l'animal peut être malade sur une longue période. Le lapin peut également maigrir, avoir les yeux et le nez collés, et son pelage peut se hérisser et perdre sa brillance.

▸ **Que faire ?** Généralement, un traitement médical ciblé suffit. Ce « rhume » est contagieux, les autres lapins, même s'ils paraissent en bonne santé, doivent être traités.

VHD (MALADIE HÉMORRAGIQUE DU LAPIN)

Cette maladie virale dangereuse (*Viral Haemorrhagic Disease*) peut frapper tous les lapins âgés au moins de 6 semaines et entraîner leur mort du jour au lendemain. Les modes de transmission ne sont pas entièrement connus, mais l'homme qui a été en contact avec des animaux malades peut infecter ses propres lapins. La durée d'incubation est d'un à trois jours. Cette maladie affecte les lapins sauvages de la même manière.

▸ **Que faire ?** Faites vacciner vos lapins une fois par an. Cette vaccination est obligatoire en cas de voyage à l'étranger.

MYXOMATOSE

Cette maladie est surtout transmise par des insectes suceurs de sang, comme les moustiques et les puces. De nombreux lapins en meurent. Les signes et l'évolution sont très variés. Sous sa forme aiguë, les paupières gonflent, on observe un écoulement purulent au niveau des yeux et le lapin a de la fièvre.

▸ **Que faire ?** Protégez vos lapins en les vaccinant une fois par an. Deux vaccinations annuelles sont recommandées.

VOIR VIDÉO
Le check up

Maladies

Ce que vous pouvez faire

**Vous pouvez aider votre lapin à guérir plus vite.
Voici les quelques gestes simples à connaître.**

Pour savoir si vous devez séparer les animaux pour éviter une contagion, demandez au vétérinaire. En cas de maladie, il est très important de veiller à l'hygiène de l'habitat de vos protégés.

EN CAS DE DIARRHÉE

Mélangez des pastilles de charbon avec un peu d'eau

Le foin est le meilleur aliment en cas de maladie. Le lapin peut en manger à volonté.

tiède jusqu'à obtenir une bouillie épaisse que vous donnerez en petites quantités à l'animal, à l'aide d'une petite spatule en bois, dans l'espace entre les incisives et les prémolaires. Si l'animal ne boit pas, vous devez lui donner de l'eau à l'aide d'une seringue sans aiguille.

EN CAS DE RHUME

Le vétérinaire vous donnera peut-être quelques conseils.

▸ **Chaleur.** Un animal enrhumé doit impérativement être placé au chaud. Pour ce faire, vous pouvez placer une lampe infrarouge, disponible dans le commerce, de manière à chauffer environ un tiers de la cage. L'animal peut alors décider de se réchauffer ou de s'éloigner de la lampe. Pour choisir la bonne distance, placez votre main dans la cage. Vous devez alors sentir une chaleur agréable.

▸ **Inhalations.** Près de la cage, placez une écuelle avec de l'eau chaude et quelques gouttes d'huiles essentielles. Veillez à ce que l'air circule bien, tout en évitant les courants d'air. Si le lapin malade est bien apprivoisé, vous pouvez même le prendre sur vos genoux, l'écuelle étant posée sur le sol. Pour éviter tout incident, recouvrez l'écuelle avec une grille.

EN CAS DE COUP DE CHALEUR

Les lapins supportent mal la chaleur (page 25). Les symptômes de cette affection regroupent un halètement prononcé, des tremblements, une certaine agitation et une mauvaise coordination des mouvements. Dans ce cas, mettez immédiatement le lapin

VOIR VIDÉO
*Faire avaler
un médicament*

Lorsque vous soignez un animal malade, pesez-le régulièrement. S'il perd du poids, consultez un vétérinaire.

dans une pièce fraîche, au calme. Placez un tissu humide sur sa tête et ses pattes. En cas de graves troubles du système circulatoire, préparez un peu de café léger (une demi-petite cuillère pour un lapin nain et une petite cuillère pour un lapin plus gros), que vous donnerez à l'animal à l'aide d'une seringue sans aiguille d'un millilitre, en suivant la méthode décrite précédemment. Emmenez ensuite l'animal le plus rapidement possible chez le vétérinaire !

À SAVOIR
➜ Une alimentation artificielle

Si un lapin malade refuse de s'alimenter, vous devez lui préparer sa nourriture. voyage est très stressant.
Pour ce faire, mélangez des granulés de foin finement broyés avec une infusion de foin, du thé à la camomille et du lait en poudre jusqu'à obtenir une bouillie.
Nourrissez l'animal avec cette préparation, à l'aide d'une seringue sans aiguille d'un millilitre. Ajoutez de la purée de carottes pour bébé en guise de complément.

PRÉVENIR LES PARALYSIES

Les lapins sont fréquemment frappés de paralysie, qui touche particulièrement les pattes arrière et le bas de la colonne vertébrale. Ces troubles sont souvent provoqués par des blessures consécutives à des coups, une chute ou des contusions. Vous devez absolument éviter que les lapins ne sautent d'une cage située en hauteur ou d'une table ou perdent l'équilibre sur un sol lisse. Par ailleurs, une carence en vitamines et des infections peuvent elles aussi entraîner une paralysie. Si votre animal montre de tels signes, tenez-le si possible au chaud et emmenez-le chez le vétérinaire sans trop le bouger.

Remèdes

Reproduction

Les jeunes lapins nains ne laissent personne indifférent. Cette petite boule de poils aux grands yeux ne doit cependant pas vous ôter toute vigilance : les capacités de reproduction des lapins sont proverbiales...

Dans tous les pays où les lapins ont été abandonnés, ils sont devenus un véritable fléau en l'absence de prédateurs naturels. L'exemple le plus connu est celui de l'Australie : au XIXe siècle, quelques lapins ont été abandonnés. Ils se sont reproduits à un tel rythme qu'ils sont devenus une véritable calamité sur le continent que l'on n'a pas encore vraiment réussi à endiguer.

ACCOUPLEMENT

Qu'ils soient sauvages ou domestiques, les lapins peuvent se reproduire sans problème environ huit fois par an. Dans la nature, ce comportement est nécessaire à la préservation de l'espèce car le lapin compte de nombreux prédateurs. Seule une petite partie des lapereaux nés dans l'année passera le cap de leur premier anniversaire. Si vous souhaitez vous lancer dans l'élevage, sachez que les lapins nains et les petites races sont prêts à se reproduire à partir de 6 ou 7 mois, les races moyennes à partir de 8 ou 9 mois et les grandes races entre 9 ou 11 mois. Lorsqu'une femelle est prête à se reproduire, son comportement se modifie : elle retourne souvent la litière et commence même à aménager un nid. En principe, l'éleveur amène la femelle au mâle.

CONSTRUCTION DU NID ET NAISSANCE

Les lapereaux naissent en moyenne après une gestation de 31 jours. Une portée comporte généralement quatre à huit petits. Les lapins nains de pure race, quant à eux, ont des portées plus modestes, le plus souvent d'un à trois lapereaux, plus rarement de quatre ou cinq. Si les petits ne sont pas nombreux, ils seront normalement plus lourds et naîtront un peu plus tard. S'il s'agit d'une grosse portée, les lapereaux, généralement un peu plus petits, naissent un peu avant le 31e jour. Avant la naissance, la femelle commence à bâtir le nid. Elle prend de la paille ou du foin dans sa bouche

La gestation dure généralement 31 jours.

Avant la naissance, la lapine construit un nid avec du foin, de la paille et ses propres poils. Les animaux en chaleur adoptent parfois ce comportement.

et rassemble les brins dans le coin le plus sombre du clapier ou de la cage. Elle s'arrache ensuite les poils de la base du cou, de la poitrine et du ventre. Afin que les poils fins ne restent pas collés à la muqueuse de la bouche, la lapine reprend de la paille ou du foin en travers de sa bouche et arrache les poils afin qu'ils se trouvent devant ce « barrage » de paille ou de foin.

▶ **Les lapereaux** naissent rapidement après la préparation du nid. Chaque lapin dispose de son enveloppe fœtale et de son propre placenta. Après la naissance, la mère mange le placenta et le cordon ombilical, en remontant vers le petit, de manière que le cordon soit de la bonne longueur.

▶ **Après avoir léché,** pour le sécher, le premier petit qui vient de naître, le lapereau suivant vient très rapidement. À l'instar du lapin européen, la mère allaite ses petits une fois par 24 heures.

▶ **Après la naissance,** vous devez contrôler le nid, si possible en l'absence de la mère. Lavez-vous et séchez-vous les mains, ouvrez le nid avec précaution. Comptez les petits, vérifiez leur nombril et assurez-vous qu'ils sont bien nourris.

À SAVOIR
➡ **Des petits bien nourris**

Des lapereaux en bonne santé et bien nourris ont un ventre rebondi sur lequel on ne distingue pas de pli cutané. Ces plis indiquent une alimentation et un apport en liquide insuffisant.

Reproduction

L'ÉDUCATION des lapereaux

Les lapins sont des animaux nidicoles (ils naissent sans poils, ils sont aveugles et sourds). Pendant les premiers jours et semaines de leur vie, les lapereaux dépendent entièrement de leur mère pour les soins, la nourriture et la chaleur. La lapine aménage généralement un nid douillet afin de maintenir les petits au chaud. En revanche, les levreaux (petits du lièvre) sont nidifuges. Ils naissent avec des poils, ils peuvent entendre, voir et naissent dans un creux du sol. Quelques heures après leur naissance, ils peuvent se déplacer. Chez les lapins,

l'odorat, le toucher et le sens de l'équilibre des petits sont développés dès leur naissance, mais leur goût ne l'est pas particulièrement. Ils peuvent néanmoins reconnaître le sucré et l'acide. À l'âge d'environ 7 jours, leurs poils commencent à pousser.
À 2 semaines, leur pelage gagne en épaisseur et on commence à distinguer sa couleur. Leur rayon d'action s'étend progressivement et, au fur et à mesure qu'ils grandissent, ils s'éloignent de plus en plus du nid lorsqu'ils partent en excursion.

À SAVOIR
➔ L'alimentation artificielle

Lorsque les petits ne sont pas suffisamment nourris, il convient d'utiliser un lait composé de : 53 % de lait écrémé en poudre, 32 % de protéines de petit-lait, 12 % d'huile de tournesol et de coco (respectivement 1/4 et 3/4) et 3 % d'un mélange de vitamines, de minéraux et d'oligo-éléments. Les lapereaux boiront ce lait à la pipette une à deux fois par jour, réchauffé à leur température.

La mère enfouit ses petits dans le nid douillet et tapissé de paille et de ses poils. Lorsqu'ils sont bien nourris, les lapereaux ont un ventre rebondi, sans pli cutané. Au bout d'une semaine, les poils commencent à pousser. Le pelage est déjà dense après 2 semaines.

À L'ABRI

PROGRÈS

Les lapereaux voient leur poids de naissance doubler en 6 à 8 jours et même quintupler après environ 14 jours. Ils ouvrent les yeux lorsqu'ils sont âgés de 12 à 14 jours. Ils quittent le nid au bout de 3 semaines environ. Pendant leurs premières excursions, ils commencent déjà à chercher seuls leur nourriture.

INDÉPENDANCE

Les lapereaux se séparent de leur mère au bout de 8 semaines. À cet instant, la lapine produit déjà beaucoup moins de lait. En principe, ce sont d'abord les lapereaux les plus vigoureux qui se séparent de leur mère en premier. Ainsi, les juvéniles plus faibles ont plus de chances de rattraper leur retard par rapport à leurs frères et sœurs.

À L'ÉCOLE

Si possible, les lapereaux séparés de leur mère ne seront pas élevés seuls. Il est recommandé de préserver les fratries, par groupe de deux ou trois juvéniles. Après 2 à 3 semaines de cohabitation, ils apprennent beaucoup de choses les uns des autres. Naturellement, lorsque vous devez accueillir deux nouveaux pensionnaires, l'idéal est de choisir deux membres d'une même fratrie.

Éducation des lapereaux

Coin infos

AUTEURS

Le Dr Friedrich Altmann, auteur du livre, est vétérinaire et zoologue. Vétérinaire et directeur d'un zoo, il a aussi enseigné à l'université de médecine vétérinaire de Vienne, en Autriche.

Regina Kuhn, auteur des photographies, est photographe indépendante. Elle possède une longue expérience dans la photographie d'animaux domestiques.

Le Dr Jean-François Quinton, auteur des vidéos, est vétérinaire. Il se consacre aux Nouveaux Animaux de Compagnie (NAC) depuis plus de 10 ans. Chargé d'enseignement à l'École nationale Vétérinaire de Maisons-Alfort pendant de nombreuses années, il est l'auteur de nombreuses publications et d'ouvrages (*Soins du furet et Soins du lapin de compagnie*, aux éditions Ulmer).

Philippe Rocher, réalisateur des vidéos, a réalisé de nombreux reportages photographiques animaliers et collabore depuis de nombreuses années avec l'association Agronomes et Vétérinaires sans Frontières.

L'auteur et l'éditeur se sont efforcés d'apporter les informations les plus fiables possibles.

Des erreurs ne peuvent toutefois être totalement exclues. Aucune garantie quant à l'exactitude des informations ne peut donc être donnée. Leur responsabilité pour les dommages éventuels qui pourraient en résulter ne pourra être juridiquement invoquée.

Toutes les photographies sont de Regina Kuhn, sauf :
- p. 63 et verso de couverture (milieu bas) : Biosphoto/J.-L. Klein, M.-L. Hubert
- recto de couverture : Philippe Rocher.

LECTURE COMPLÉMENTAIRE

L'édition originale de ce titre a été publiée
en allemand sous le titre « Zwergkaninchen »,
© 2005, Eugen Ulmer KG, Stuttgart (Hohenheim)

Traduit de l'allemand par : Caroline Lelong.

© 2015 Les Éditions Eugen Ulmer
24, rue de Mogador 75009 Paris
Tél. : 01 48 05 03 03
Fax : 01 48 05 02 04
Internet : www.editions-ulmer.fr

Réalisation : Bénédicte Dumont
Impression et reliure : Alcione, Trento
Printed in Italy

ISBN : 978-2-84138-759-5
N° d'édition : 759-01

*Soins du lapin de compagnie,
Bien-être et maladies.*

J.-F. Quinton

144 pages, 20,20 €
ISBN : 978-2-84138-302-3

Index

Le coin des enfants

Fais le plein d'astuces

**Les lapins sont des animaux très curieux et aventureux.
Tu peux bricoler de nombreux jouets passionnants pour tes petits amis.**

Ce livre propose de nombreuses idées de jeu pour tes lapins. Ces petits garnements apprécieront un terrain de jeu fabriqué avec des cartons. Au gré de son humeur, la joyeuse bande pourra alors se défouler ou jouer au chat et à la souris. Si tu remplis les cartons avec du foin et y cache des friandises (comme un morceau de fruit ou de carotte), les lapins s'amuseront encore plus. Vérifie qu'il n'y ait pas de trace de colle sur les cartons.